Bibliografische Information der Deutschen Nationalbibliothek:

Die Deutsche Bibliothek verzeichnet diese Publikation in der Deutschen Nationalbibliografie; detaillierte bibliografische Daten sind im Internet über http://dnb.d-nb.de/ abrufbar.

Impressum:

Copyright © 2017 GRIN Verlag
Druck und Bindung: Books on Demand GmbH, Norderstedt Germany
ISBN: 9783346025906

Dieses Buch bei GRIN:

https://www.grin.com/document/499729

Manuel Rothe

Die Gletscher Islands. Geschichte der pleistozänen und holozänen Vergletscherung sowie die heutige Gletscherdynamik

GRIN Verlag

Seminar: Große Exkursion Island

Kultur und Klimawandel in Arktis und Subarktis

Abgabedatum: 30.09.2017

Verfasser: Manuel Rothe

Hausarbeit:

Island = „Eisland“? Die Gletscher Islands. Geschichte der pleistozänen und holozänen Vergletscherung sowie die heutige Gletscherdynamik.

Inhaltsverzeichnis

1. Einleitung

Der Inselstaat Island ist vulkanischen Ursprungs und unterliegt einem permanenten Prozess der Verwandlung. Landschaftlich ist es unter anderem geprägt von Vulkanismus und Wasserreichtum, Gletscher bedecken einen Großteil der Insel.
Während der letzten Eiszeit existierten nur wenige eisfreie Areale auf der Insel, sodass es über einen langen Zeitraum kaum Überlebenschancen für lebende Organismen gab.

Erst im späten 9. Jahrhundert wurde Island von den norwegischen Wikingern erreicht, die trotz der ausgeprägten Vergletscherung im Süden und des Packeises im Norden dort siedelten. Es wurde als *„Das Land aus Feuer und Eis"* beschrieben, der spätere Name *„Ísland"* - von *íss (dt. Eis)* und *land (dt. Land)* – und somit der Vergleich Island = „Eisland" erscheint daher-plausibel. Allerdings ist es auch die Kraft der Elemente Wind und Wasser, die meinem Ermessen nach Island seinen besonderen Charakter geben.

In dieser Hausarbeit werde ich zunächst die pleistozäne und holozäne Gletscherentwicklung sowie die aktuelle Gletscherdynamik darstellen, welche sich aufgrund der globalen Erderwärmung drastisch zurückentwickelt hat.
Des Weiteren erfolgt ein Überblick über die unterschiedlichen Gletscher Islands und die somit möglicherweise auftretenden Surges und Gletscherläufe.
Die isländischen Gletscher werden seit den 1930er Jahren qualitativ und quantitativ mit Hilfe von ca. 40 Messpunkten durchgehend beobachtet und überwacht, sodass auch ein gegenwärtiges Gletscher-Inventar wird von *Sigurdsson & Williams, JR.* (2008) bereitgestellt werden kann.

2. Die geologische Lage Islands

Der Inselstaat Island liegt mit einer Fläche von 103.000km^2 im Nordatlantik, südöstlich von Grönland bzw. nordwestlich von Skandinavien, und gehört somit aus geographischer Sicht zu Europa.
Aufgrund der geologischen Lage auf dem mittelatlantischen Rücken liegt Island sowohl auf der Nordamerikanischen als auch auf der Eurasischen Platte, wodurch sich die vergangene und aktuelle Gletscher- und Vulkandynamik erklären könnte.

Abbildung 1

Wie in Abbildung 1 zu sehen, erstreckt sich der Mittelatlantische Rücken, der eine Gesamtlänge von etwa 40.000 Kilometer hat, in Südwest-Nordost-Richtung durch ganz Island. Geologisch gesehen ist der Inselstaat mit ca. 20 Millionen Jahren sehr jung, er wächst jedoch aufgrund der auseinanderdriftenden Platten kontinuierlich, pro Jahr um etwa 2,5 Zentimeter.

Über viele Millionen Jahre vulkanischer Aktivität wurde so viel Material produziert, dass Gletscher von 2000 m Höhe über dem Meeresspiegel entstanden sind.
Da die meisten Vulkane unterhalb von Gletscherzügen liegen, sind Vulkanausbrüche meist eruptiver als in anderen Regionen und fördern enorme Aschemengen zutage. Aufgrund der raschen Schnee- und Eisschmelze können Gletscherläufe, isländisch „Jökulhlaups“, mit immensen Abflussraten entstehen, die häufig eine große Zerstörungskraft haben.
Gegenwärtig sind ca. 11% des Landes von Eis bzw. Gletschern bedeckt, was sich zum Großteil mit dem subarktischen Klima und der Topographie der Insel erklären lässt. In Summe beträgt die Vergletscherung aus Schnee- und Eisflächen somit ca. 11.800 Quadratkilometer in Form von Kargletschern, Talgletschern und Plateaugletschern. Der größte Gletscher Islands, der *Vatnajökull*, ist mit 8.300km^2 außerdem der größte Gletscher Europas und die drittgrößte Eismasse der Erde.

3. Pleistozäne und holozäne Vergletscherung

Pleistozän und Holozän gehören zu dem jüngsten Zeitabschnitt der Erdgeschichte, dem Quartär, welches die vergangenen 2,588 Millionen Jahre bis heute umfasst.
Das Pleistozän, welches noch in Jung-, Mittel-, Altpleistozän und Gelasium unterschieden werden kann, begann vor den besagten 2,588 Millionen Jahren und endete ca. 9.600 Jahre v.

Chr. Folgend an diese Serie begann das Holozän, welches seit etwa 11.700 Jahren den gegenwärtigen Zeitabschnitt der Erde beschreibt.

Während des Pleistozäns und des Holozäns gab es verschiedene Warm- und Kaltzeiten (siehe Abbildung 2), die einige Änderungen der Gletscherbedeckung auf Island mit sich brachten. Diese historischen Abwandlungen sollen im Folgenden genauer dargestellt und analysiert werden.

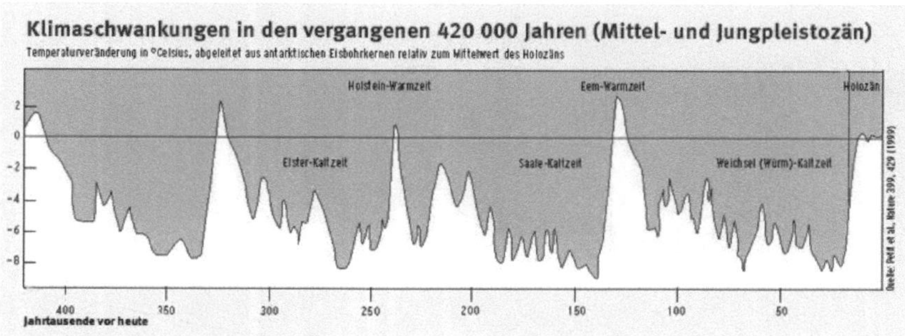

Abbildung 2

In der oberen Abbildung sind auf der X-Achse die verschiedenen Klimaschwankungen mit ihren jeweiligen Kalt- und Warmzeiten in den vergangenen 420.000 Jahren zu erkennen. Auf der Y-Achse werden die Temperaturveränderungen in °C beschrieben. Vor dieser Zeit bis hin zu dem Quartärbeginn von vor 2,588 Millionen Jahren haben sich weitere Kalt- bzw. Warmzeiten in einem Zyklus von etwa 100.000 Jahren abgewechselt; insgesamt umfasst das Quartär etwa 20 Kalt- und Warmzeiten. Das Quartär wird trotzdem als *Eiszeitalter* beschrieben, weil die jeweiligen Warmzeiten deutlich kürzer waren (s. Abb. 2).

Während der vergangenen 420.000 Jahre wechselten sich warme und kalte Phasen in einem bestimmten Rhythmus ab. Während der Elster- und Saale-Kaltzeit stießen die Eismassen vor allem auf der Nordhalbkugel weit nach Süden hervor. Über Island und Skandinavien bis nach Europa drängte sich das Eis vor und band so viel Wasser, dass sich der Meeresspiegel um ca. 100 m senkte. Das gesamte globale Eisvolumen war in den Kaltzeiten des Quartärs um ca. 50 Millionen km^3 größer als heute.

Die Eem-Warmzeit dauerte etwa 15.000 Jahre und war im Vergleich etwa 2 °C wärmer als das Holozän.

Auch während des Höhepunkts der letzten Weichsel-Eiszeit vor ca. 21.000 Jahren war Island vom Eis fast vollständig bedeckt. Im Kerngebiet der Insel lagen die Eisschichten teilweise bis zu 2000m hoch, nur sogenannte *Nunatakker* blieben davon unberührt.

Diese Felsen bzw. Berge oberhalb von Gletschern bleiben eisfrei und können dadurch vereinzelten Organismen Überlebenschancen bieten. Ein Beispiel dafür findet man in ca. 2000-3000 m Höhe in Ostgrönland (Abb. 3)

Abbildung 3

Die Eismassen bedeckten nicht nur das Land, sondern ragten bis zu 130km über die Küstenlinie Islands hinaus (Abb.4). Submarine Moränen wurden dort in Wassertiefen von 200m bis 350m gefunden. Das Eisvolumen wird somit auf ca. 300.000km^2 bis 500.000km^2 geschätzt.

In Abbildung 4 ist die Eisbedeckung während der Weichsel-Eiszeit in Island und Europa deutlich zu erkennen. Durchschnittstemperaturen von 4 – 8 °C weniger als heute hatten auch zu einem starken Vordringen der skandinavischen Inlandeismassen geführt.

Die gestrichelte blaue Linie zeigt das Packeis zu dieser Zeit, die durchgezogene blaue Linie das Inlandeis.

Abbildung 4

Während der ersten bedeutenden Warmzeit namens *Bølling-Interstadial* vor ca. 13.600 Jahren schrumpfte das Eisschild auf die in etwa heutige Küstenlinie und die weichselzeitlichen Gletscher verschwanden zunächst fast vollständig. Kleinere Eiszeiten während der Älteren und Jüngeren Dryas-Zeit sorgten für spätglaziale Gletschervorstöße auf Island; dies ist heute noch an den Endmoränen zu erkennen.

Im Holozän angekommen gab es während des Klimaoptimums vor ca. 3.000 bis 8.000 Jahren andauernde Wärmeperioden, die dazu führten, dass das Eisschild weiter schrumpfte und Island fast vollständig ohne Gletscherbedeckung war. Durch den Temperaturanstieg, der im Vergleich zu heute mehr als 2°C im Mittel betrug, blieben lediglich kleine Eiskappen auf den höchsten Bergen übrig.

Erst mit den abnehmenden Temperaturen vor ca. 3.000 Jahren und der sogenannten „Kleinen Eiszeit" von 1400 bis 1900 kam es zu einer erneuten Ausdehnung der isländischen Vergletscherung. Der Höhepunkt des Gletscherrandes ragte zu dieser Zeit bis zu 15 km über den aktuellen Eisschildrand hinaus. In dieser Periode wuchs auch der größte Gletscher Europas, der *Vatnajökull*, aus verschiedenen Vereisungszentren zusammen. Insgesamt 20 unterschiedliche Einzugsgebiete für Gletscherabläufe zeugen heute noch von dem damaligen Ausmaß des größten Gletschers Islands. Die Firnlinie, die im nächsten Abschnitt noch genauer beschrieben wird, sank im Süden von 1.100 m auf ca. 700 m.

Die Klimaschwankungen, die unter anderem mit dem „Klimaoptimum“ und der „Kleinen Eiszeit“ einhergingen, werden von Dansgaard & Johnson (1969) bzw. Schönwiese (1995) nochmals verdeutlicht (Abb. 5). Auf der X-Achse sind die Jahre vor heute in 1000er-Schritten dargestellt, auf der Y-Achse die Temperatur in °C. Deutlich zu erkennen ist, dass das Holozän mit dem Ende der letzten Eiszeit, der Weichsel-Kaltzeit, von vor ca. 11.000 Jahren beginnt. Das Holozän kann somit als das Nacheiszeitalter beschrieben werden.

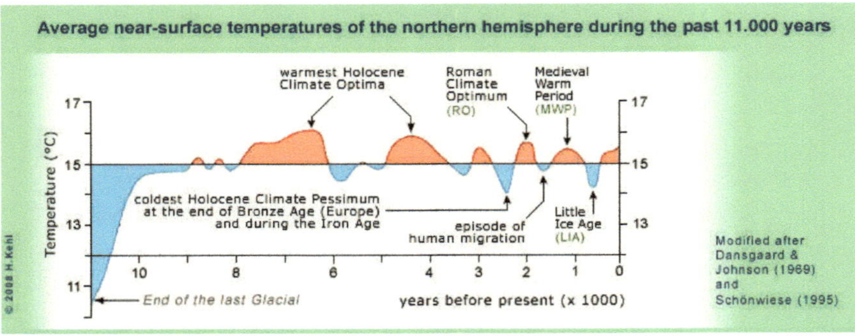

Abbildung 5

Erwähnenswert ist, dass sich auch im vergangenen Holozän kleinere Warm- bzw. Kaltphasen abwechselten. Beispielsweise gab es zwischenzeitlich wärmere Phasen, unter anderem im Mittelalter, während der sogenannten Landnahmezeit von 870 - 930 n. Chr. Die Landwirtschaft musste in vielen Teilen Islands, vor allem im Hochland, aufgrund der immer wieder einkehrenden Abkühlung eingestellt werden.

Die aktuellen Messungen zeigen, dass seit dem 20. Jahrhundert ein deutlicher Rückzug der Vergletscherung einsetzt, was in dem nächsten Kapitel noch genauer dargestellt wird.

4. Heutige Gletscherdynamik

Zur heutigen Zeit sind, wie zu Beginn erwähnt, etwa 11 % der Festlandfläche von Island vergletschert. Diese Vereisung enthält etwa 3.600 km³ Wasser und repräsentiert das Potenzial für einen Meeresspiegelanstieg von etwa einem Zentimeter.

Etwa 60% der heutigen Gletscherflächen befinden sich über aktiven Vulkanen beziehungsweise deren Calderen und Geothermalgebieten. Dies gilt zum Beispiel für den *Vatnajökull* mit *Öraefajökull*, *Grímsvötn* und *Bárdarjökull*, den *Hofsjökull* und *Mýrdalsjökull* mit *Katla* sowie den *Snaefellsjökull*.

Eine Übersicht über die jeweiligen Gletscher und aktiven Vulkane in Island sind in der folgenden Abbildung zu sehen. Außerdem werden die größten heißen Quellen bzw. Geysire dargestellt.

Abbildung 6

Die Vergletscherung stellt ein Resultat der klimatischen und topographischen Verhältnisse der Insel dar. Bei Jahresmitteltemperaturen von rund 5°C und Wassermitteltemperaturen von rund 0°C im Küstenniveau an der Südküste gibt es in Höhenlagen von über 1.300 m ca. 4.000 bis 5.000 mm Niederschlag. Daraus resultiert eine Schneeversorgung der Gletscher, welche nach Norden hin abnimmt, wohin es zwar kälter, jedoch auch trockener wird.

Demgegenüber gibt es in Island einen Gletscherrückgang, der hohe Abflussraten bzw. Ablationsraten mit sich bringt, die zu etwa zwei Dritteln durch sommerliche Einstrahlung und zu etwa einem Drittel durch turbulente Wärmeströme verursacht werden, was typisch für das nordatlantisch-ozeanische Klima ist. Jährlich produzieren die sechs subglazial gelegenen

Geothermalgebiete ca. 1 km^3 Schmelzwasser und bedingen dadurch auch partielle Absenkungen der Gletscheroberfläche.
Meist wird das Schmelzwasser durch mehrere Schmelzflüsse bzw. –bäche in Richtung Meer abgetragen. In manchen Fällen können an der Gletscherzunge sogenannte Gletschertore entstehen, aus denen das Schmelzwasser bzw. die Gletschermilch austritt und einen ersten Schmelzbach bildet. Diese Gletschertore sind meist halbrund und können bis zu 40 m hoch und 30 m breit werden. Ein Beispiel dafür ist der *Gígjökull* (Abb. 7), der einer der bedeutendsten Auslassgletscher des bekannten *Eyjafjallajökull* ist.

Abbildung 7: Eigene Darstellung

Zeitweilig entstehen durch die Abgrenzung von Grund- bzw. Endmoränen mehr oder weniger große Gletscherrandseen.
Der bekannteste und größte Gletschersee in Island ist der *Jökulsárlón,* deutsch Gletscherflusslagune, der am Südrand des *Vatnajökull* liegt (Abb. 8).
Mit einer Größe von ca. 18km^2 und einer Tiefe von 248 m ist er nicht nur der größte, sondern auch der tiefste See des Landes. Bekannt sind die bis zu 15 m hohen Eisberge, die sich von der Gletscherzunge *Breiðamerkurjökull* des *Vatnajökull* lösen und aufgrund der Tiefe im See in sehr langsamem Tempo Richtung Meer treiben.

Abbildung 8: Eigene Darstellung

Die Eisblöcke der Gletscherzunge werden im Meer teilweise an Land gespült und dort am schwarzen Basaltstrand abgelagert (Abb. 9).

Abbildung 9: Eigene Darstellung

Nicht zu unterschätzen sind die plötzlich auftretenden Starkabflüsse, die durch Vulkanausbrüche herbeigeführt werden.

Hier wird neben mehreren km^3 Wasser auch extrem viel Sediment und große Eisbrocken innerhalb weniger Stunden oder Tage abtransportiert. Die mittlere Abflussmenge der Gletscherflüsse kann ca. 10.000 bis 300.000 m^3 pro Sekunde betragen, was ihre Zerstörungskraft erahnen lässt. Die größte isländische Schmelzwasserflut ereignete sich vor etwa 2500 Jahren und wies Schätzungen zu Folge eine Wassermenge von 10 km^3 mit Abflussraten von 500.000 bis 900.000 m^3 auf.

Eine weitere große Schmelzwasserflut gab es nach einem Vulkanausbruch im November 1996 in *Grimsvötn* unter dem nördlichen Teil des Gletschers *Vatnajökull*. Dieser gewaltige Gletscherlauf durchbrach die Straße über den Sander *Skeiðarársandur*, einer Schwemmlandebene. Der Lauf erreichte eine Wassermenge von ca. 50.000m^3/sek und riss gewaltige Eisblöcke mit sich, die große Schäden an der Verkehrsader hinterließen: Die 376 m lange Brücke über dem Gletscherfluss *Gígjukvísl* verschwand, andere Brücken wurden erheblich beschädigt, eine Straße westlich der Brücke wurde weggespült und Dämme weitgehend weggeschwemmt. Es wird angenommen, dass die Eisblöcke 1.000 – 2.000 Tonnen wogen und 10m x 10m x 20m groß waren.

Zwei weitere Gletscherzungen des *Vatnajökull*, über die riesige Abflussraten zu vermerken waren, sind in der folgenden Abbildung zu sehen.

Abbildung 10: Eigene Darstellung

Aus diesen Akkumulations- und Ablationsraten ergeben sich Firnlinien, die am Südrand des *Vatnajökull* und *Mýrdalsjökull* bei etwa 1.000 m, am Nordrand des *Vatnajökull* bei etwa 1.400 m und im Nordwesten bei etwa 600 m liegen. Eine Firnlinie stellt die Trennung zwischen Nähr- und Zehrgebieten dar, d.h. das Schnee und Eis in den Sommerferien bis auf diese Höhe abschmilzt. Somit überwiegt unterhalb dieser Grenze die Ablation (Zehrgebiet), oberhalb überwiegt die Akkumulation (Nährgebiet).

Zur heutigen Zeit liegen die sogenannten Firnlinien jedoch höher, am *Breidarmerkurjökull,* der südlich des *Vatnajökull* liegt, zum Beispiel bei etwa 1.050 m und am *Dyngjujökull* (nördlicher *Vatnajökull*) bei etwa 1.550 m. Dabei gehören alle Gletscher zum „temperierten" Typ, das heißt, dass sich die Eistemperaturen im Bereich des Druckschmelzpunktes bewegen und somit an der Gletscherbasis Schmelzwasser auftreten kann.

Das Naturschutzgebiet *Skaftafell* wurde am 07. Juni 2008 in den *Vatnajökull-Nationalpark* eingegliedert und umfasst insgesamt knapp 14.000km² (Abb. 11). Der *Svínafellsjökull* ist einer von vielen Auslassgletschern des größten Gletscher Islands, dem „Vatnajökull". Deutlich in dieser Abbildung zu erkennen ist die lange Gletscherzunge mit der Firnlinie und den darunterliegenden Abflussraten, die ebenfalls einen Gletscherrandsee gebildet haben.

Abbildung 11: (Eigene Darstellung)

Heute sind die größten Gletscher der *Vatnajökull* („Wassergletscher") mit ca. 8.100 km², der *Langjökull* mit 900 km², *Hosjökull* mit 890 km², *Mýrdalsjökull* mit 590 km² und *Drangajökull* mit 160 km². Daneben gibt es acht weitere Gletscher mit Flächen von über 10 km² und unzählige Gebirgsgletscher, besonders auf der Halbinsel *Tröllaskagi*, mit Flächen von wenigen oder unter einem km².

Bei einigen dieser Gletscher können sogenannte „Surges" auftreten. Surges sind periodisch auftretende, abrupte Gletschervorstöße, die Fließgeschwindigkeit des Gletschers steigt erheblich an. Große Eismengen werden vom Nährgebiet in das Zehrgebiet des Gletschers abgelagert, sodass die Gletscherzunge vorstößt. Verwüstungen können die Folge sein.

Die höchste genau gemessene Surge-Geschwindigkeit wies im Jahr 1963 mit 125 Meter pro Tag der *Brúarjökull* in Island auf.

Ein weiteres Beispiel für einen Surge-Gletscher ist der *Svínafellsjökull* im Süden Islands, der auch schon in Abbildung 11 zu sehen ist, hier nur zu einem früheren Zeitpunkt. Deutlich in Abbildung 12 zu erkennen ist der rasche Vorstoß des Gletschers anhand der Moränen und der Eisstruktur. Die bogenförmigen Strukturen mit jeweils hellen und dunklen Streifen, auch Ogiven genannt, bringen sehr gut zum Ausdruck, dass das Eis in der Mitte schneller fließt als an den Seiten. Heute hat der *Svínafellsjökull* deutlich mehr Spalten und „kalbt", d.h. größere Eismassen brechen in den vorhandenen Schmelzwassersee ab (Abb. 13). Die Abbildung zeugt von mehreren Surges in der Vergangenheit.

Abbildung 12

Die Ursachen der Gletschervorstöße sind derzeit noch nicht gänzlich geklärt. Man geht jedoch davon aus, dass eine erhöhte Gleitfähigkeit des Gletschers aufgrund eines hohen Schmelzwasserdrucks an der Gletschersohle der Grund für eine Surge ist. Das Massenbilanzverhältnis wird also durch starke Schneefälle im Nährgebiet und starke Regenfälle im Zehrgebiet ins Ungleichgewicht gebracht. Demnach endet eine Gletscher-Surge sobald der Wasserdruck nachgelassen hat und ein bestimmtes Gleichgewicht wieder erreicht wird.

Weltweit werden nur ein Prozent aller Gletscher als Surge-Gletscher eingestuft, alleine in Island konnten aber bis 2003 in 25 Gletschereinzugsgebieten etwa 80 Surges festgestellt werden.

Abbildung 13 zeigt die derzeitigen Gletscher Islands mit den jeweiligen Surge- bzw. Gletscherlauf-Gebieten sowie die tatsächlichen und möglichen Abflusswege der Gletscherläufe, die Höhenlage der Firnlinien und die Vulkane unter den Gletschern.

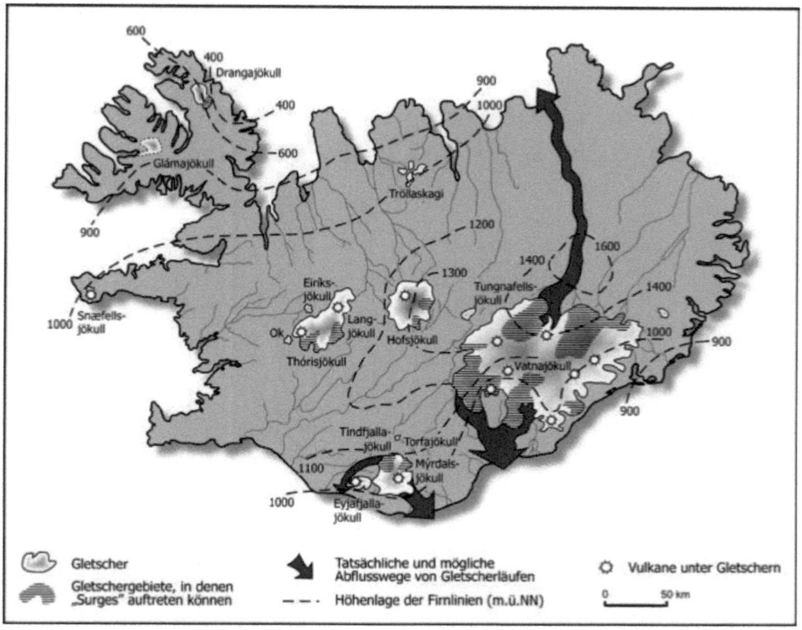

Abb. 4.3-1: *Die Gletscher Islands mit Surge- und Gletscherlauf-Gebieten (Kartographie: Matthias Scheibner, Institut für Geographie, Universität Bremen).*

Abbildung 13

Allgemein ist zu sagen, dass seit ca. 100 Jahren ein kontinuierlicher Rückgang der Gletscher zu beobachten ist. Lediglich kühlere Phasen während den 1960er bzw. 1970er Jahren ließen den Gletscherrückgang kurzzeitig abschwächen und teilweise auch entgegenwirken. Seit 1995 ist jedoch eine verstärkte globale Erwärmung zu beobachten, sodass die isländischen Gletscher sich jährlich teilweise mit etwa 100 m zurückziehen.

Der Gletscherrückgang der vergangenen hundert Jahre korreliert stark mit der allgemeinen globalen Erwärmung. Die Auslassgletscher des *Vatnajökull* haben seit dem Höchststand am Ende der Kleinen Eiszeit zwei bis fünf Kilometer Länge verloren. Damit ist der größte isländische Gletscher um etwa 300 km³ geschrumpft, was etwa einen Millimeter Meeresspiegelanstieg bedeutet. Diese Rückgänge sind vor allem auf die gestiegenen Sommertemperaturen zurückzuführen.

Abbildung 14 zeigt den Rückzug der Auslassgletscher des südöstlichen *Vatnajökull* im Zeitraum von 1870 bis 2010 sowie den *Svínafellsjökull*, der in den vergangenen Jahren mit am wenigsten Rückzug zu verzeichnen hat und somit auch heute noch recht gut zu besichtigen ist. Ursache dafür ist, dass der Svínafellsjökull ein Surge-Gletscher ist und somit durch die periodisch auftretende hohe Fließgeschwindigkeit immer wieder mehrere Eismassen ins Zehrgebiet gebracht werden.

Andere Gletscher, die nicht von Surges betroffen sind, ziehen sich deutlich schneller zurück, sodass teilweise ein Abgang von über 100 m pro Jahr zu beobachten ist.

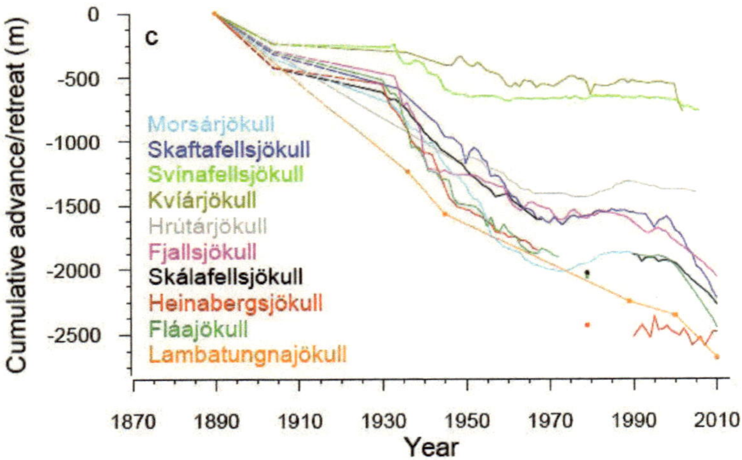

Abbildung 14

5. Ausblick

Das *Nordic Project Climate and Energy* lieferte aufgrund von regionalen Temperatur- und Niederschlagsmodellierungen Vorhersagen zur zukünftigen Gletscherentwicklung auf Island unter dem Einfluss der globalen anthropogen verursachten Klimaerwärmung.

Demnach wird das Eisvolumen der größten Gletscher Islands in der Zukunft weiterhin drastisch abnehmen. Der *Hofsjökull* (nordwestlich des *Vatnajökull*) und der südliche *Vatnajökull* wird laut Projektionen des *Nordic Project Climate and Energy* in den kommenden 50 Jahren um 25%, der *Langjökull* (westlich des *Hofsjökull*) um 35% schrumpfen. Vom *Hofs-* und *Vatnajökull* bleiben aller Voraussicht nach in den nächsten 200 Jahren nur noch wenige vergletscherte Bergspitzen übrig und der *Langjökull* wird in ca. 150 Jahren komplett unauffindbar sein.

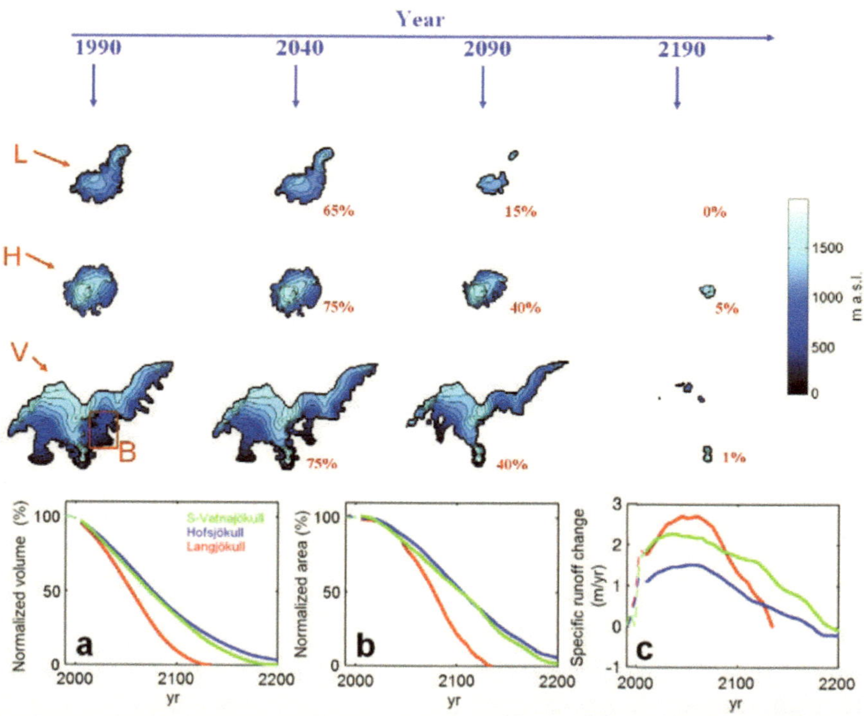

Abbildung 15

Abbildung Nr. 15 von *BJÖRNSSON und PÁLSSON (2008)* bekräftigt dieses Klimamodell.

In der oberen Hälfte der Abbildung ist die Entwicklung der Gletscher *Langjökull* (L), *Hofsjökull* (H) und *Vatnajök*ull (V) in den Jahren 1990-2190 zu sehen. Hier wird ebenfalls deutlich, dass der *Langjökull* spätestens im Jahre 2190 komplett verschwunden ist und von den Gletschern *Hofsjökull* und dem größten Gletscher Islands namens *Vatnajökull* nur noch 5 bzw. 1% übrig sein werden.
In den unteren drei Grafiken werden zunächst das abnehmende Volumen (a) und die abnehmende Fläche (b) in den Jahren 2000 bis 2200 in Prozent dargestellt. Dabei ist deutlich zu sehen, dass das Volumen und die Fläche des *Langjökull* am schnellsten abnehmen und bis ca. 2120/2130 bei null Prozent liegen. Das Volumen und die Fläche des *Hofs-* und *Vatnajökull* werden im Jahre 2200, wie oben bereits beschrieben, bei nur wenigen Prozent liegen.
In der dritten der drei unteren Grafiken ist die Abflussrate der jeweiligen Gletscher in Meter pro Jahr (c) dargestellt. Hierbei ist auffällig, dass die durchschnittliche Abflussrate bis ca. 2070 zunächst ansteigt, danach jedoch kontinuierlich abnimmt, bis sie bei null Meter pro Jahr angekommen ist.

Welche Auswirkungen dies auf die Menschen und die Wirtschaft in Island haben kann, wird im Folgenden erläutert.
Zu der genannten Schmelzwasser-Abflussrate ist zu sagen, dass die Gletscher in Island eine besondere Bedeutung für die örtliche Wasserkraft haben. Durch die bedeutende Gletscherschmelze ist zunächst zwar eine erhöhte Elektrizitätsgewinnung durch die großen Staudämme zu erwarten, jedoch nimmt diese gegen Ende des Jahrhunderts drastisch ab. Der Höhepunkt der Abflussrate des Schmelzwassers wird in 40-50 Jahren erwartet, in ca. 100 Jahren gehen die Abflussraten durch Schmelzwasser gegen Null, sodass in dieser Zeit auch einige Flussbette frei liegen werden, da sie ausschließlich durch Niederschlag gespeist werden. Abbildung 15 (Grafik c) bestätigt die Annahme, dass bis spätestens 2200 keine Abflussraten durch Gletscherschmelze zu registrieren sein werden.
Ferner noch stellt die Abnahme der Vergletscherung bzw. die Zunahme der Gletscherschmelze in den kommenden Jahren ein hohes zukünftiges Risiko für die Verkehrsinfrastruktur sowie den Tourismus dar. Für Menschen müssen Notfallpläne erstellt werden und einige Brücken der bekannten Ringstraße auf Island müssen mit Schutzmaßnahmen versehen werden, da der Tourismus eine der größten Haupteinnahmequellen Islands ist. Weiterhin müssen Nationalparks, wie zum Beispiel der des großen *Vatnajökull* mit 12.000km^2, für Exkursionen und den Tourismus erreichbar bleiben.

Die veränderte Abflussrate und der massive Rückgang der Gletscher hat nicht nur Auswirkungen auf die Wirtschaft, sondern betrifft auch andere Umweltphänomene. So bleibt abzuwarten, inwiefern sich beispielsweise die Gletscherschmelze auf den Vulkanismus und den erhöhten Meeresspiegelanstieg auswirkt.

Grund für den massiven Verlust des Eisvolumens sind die ansteigenden Temperaturen durch den Klimawandel. Im Vergleich zu 1961-1990 erhöht sich die Temperatur mehreren Szenarien nach bis zum Zeitraum 2071-2100 um 2,8°C (Björnsson & Pálsson, 2008). Der dann aufzufindende Zustand wird vergleichbar mit dem vergangenen holozänen Klimamaximum (siehe Abbildung 5) im Atlantikum sein.

Alleine im 21. Jahrhundert wird die Temperatur je nach Monat um 0,1-0,4°C und die Niederschlagsmenge um 0-0,4% zunehmen. Dies wird in Abbildung 16 deutlich (Nach *Jóhannesson et al.,* 2007), in der man die jeweiligen Temperatur- und Niederschlagsschwankungen im 21. Jahrhundert auf Island erkennen kann.

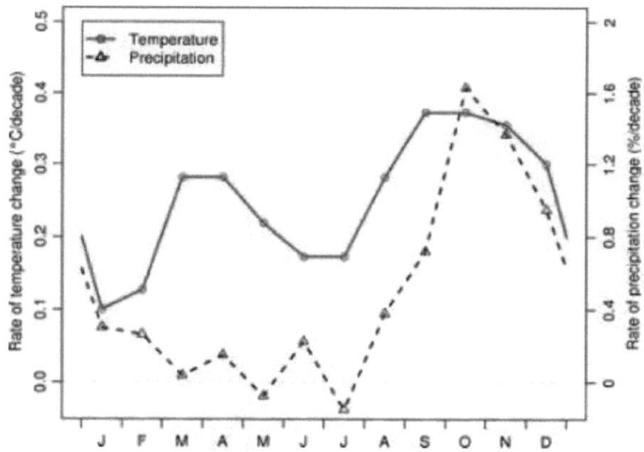

Abbildung 16

Der anthropogen verursachte Klimawandel mit den daraus resultierenden Folgen wurde während meiner Exkursion in Island sehr deutlich, weshalb ich auch die verschmutzte Gletscherzunge *Gígjökull* des großen Gletschers *Eyjafjallajökull* als Titelbild gewählt habe (Abb.1). Auch wenn dieses Foto nicht die Schönheit der Insel wiederspiegelt, verdeutlicht es beispielhaft eine der vielen Konsequenzen des Klimawandels.

6. Quellenverzeichnis

6.1. Abbildungsverzeichnis

- Abbildung 1: Plattentektonik. Abrufbar unter: http://www.theglobetrotter.de/island-tour/wp-content/uploads/img/400/400-vulkanismus-island.png (Stand: 28.08.2017)
- Abbildung 2: Klimaschwankungen in den vergangenen 420.000 Jahren. Abrufbar unter: http://www.faz.net/aktuell/wissen/klimaschwankungen-pleistozaen-zwanzig-zyklen-aus-kalt-und-warmzeiten-1191668/panorama-klima-3-hunderttausen-11246459.html#fotobox_1_191668 (Stand: 28.08.2017)
- Abbildung 3: Nunatak. Abrufbar unter: http://www.swisseduc.ch/glaciers/glossary/nunatak-greenland-en.html (Stand: 28.08.2017)
- Abbildung 4: Europa – Letzte Eiszeit. Abrufbar unter: http://www.diercke.de/content/europa-landschaft-zur-letzten-kaltzeit-würmweichsel-vor-18000-jahren-978-3-14-100800-5-88-1 (Stand: 28.08.2017)
- Abbildung 5: Zyklisches Auftreten. Abrufbar unter: http://lv-twk.oekosys.tu-berlin.de//project/lv-twk/002-holozaene-optima-und-pessima.htm (Stand: 28.08.2017)
- Abbildung 6: Island – physisch. Abrufbar unter: http://www.diercke.de/content/island-physisch-978-3-14-100700-8-90-1-0 (Stand: 29.08.2017)
- Abbildung 7: Rothe, Manuel - Eigene Darstellung. (29.07.2017)
- Abbildung 8: Rothe, Manuel - Eigene Darstellung. (01.08.2017)
- Abbildung 9: Rothe, Manuel - Eigene Darstellung. (01.08.2017)
- Abbildung 10: Rothe, Manuel - Eigene Darstellung. (31.07.2017)
- Abbildung 11: Rothe, Manuel - Eigene Darstellung. (30.07.2017)
- Abbildung 12: Svinafellsjökull. Abrufbar unter: http://www.swisseduc.ch/glaciers/earth_icy_planet/glaciers05-de.html (Stand: 30.08.2017)
- Abbildung 13: Holozäne und aktuelle Gletscherdynamik im subarktischen und vulkanischen Milieu Islands. - „Warnsignale Klima: Das Eis der Erde". Wissenschaftliche Fakten, Kap. 4.3, Wissenschaftliche Auswertungen, Hamburg, S. 120.
- Abbildung 14: Veränderung 1870 – 2010. Abrufbar unter: http://wiki.bildungsserver.de/klimawandel/index.php/Datei:Vatnajökull_retreat.jpg (Stand: 30.08.2017)

- Abbildung 15: Scenario for temperature and precipitation changes during the 21st century, averaged over Ice- land (see Jóhannesson *et al.*, 2007). Jökull, Nr.58, S.380
- Abbildung 16: Simulated responses of Langjökull (L), Hofsjökull (H) and southern Vatnajökull (V) from 2000 through 2200 to the climate-change scenario. Jökull, Nr.58, S.381

6.2. Literaturverzeichnis

- BJÖRNSSON, H & PÁLSSON, F. (2008): Icelandic glaciers. Jökull, Nr. 58. Abrufbar unter: http://www.jardvis.hi.is/sites/jardvis.hi.is/files/Pdf_skjol/Jokull58_pdf/jokull58-bjornssonpalsson.pdf, S. 365-386 (Stand: 30.08.2017)
- LUND,B ; SCHMIDT, P & ÁRNADÓTTIR, Þ: How may glacial rebound influence seismic activity in iceland? Abrufbar unter: http://hraun.vedur.is/ja/jsr_2009/abstracts/pdf/bjorn_lund.pdf (Stand: 31.08.2017)
- VENZKE, J.-F. (2015): Holozäne und aktuelle Gletscherdynamik im subarktischen und vulkanischen Milieu Islands. - „Warnsignale Klima: Das Eis der Erde“. Wissenschaftliche Fakten, Kap. 4.3“, Wissenschaftliche Auswertungen, Hamburg, S. 119-122
- STÖTTER, J. (1991): Geomorphologische und landschaftsgeschichtliche Untersuchungen im Svarfaoardalur-Skioadalur, Tröllaskagi, N – Island. GEOBUCH-Verlag, München.

6.3. Internetquellen

- http://bildungsserver.hamburg.de/eis-und-schnee-nav/4565984/gletscher-island/ (Stand: 28.08.2017)
- http://bildungsserver.hamburg.de/klimageschichte/2047086/das-quartaer/ (Stand: 30.08.2017)
- http://www.eclise-project.eu/content/mm_files/do_815/Norden%20report%20-%20renewable%20energy%20and%20climate.pdf (Stand: 31.08.2017)
- http://www.ipcc.ch/pdf/assessment-report/ar5/wg1/WG1AR5_Chapter04_FINAL.pdf (Stand: 31.08.2017)
- https://medienportal.univie.ac.at/uniview/forschung/detailansicht/artikel/die-galoppierenden-gletscher-vom-himmelsgebirge/?no_cache=1 (Stand: 29.08.2017)

- http://www.geo.de/natur/4476-rtkl-geologie-vulkanismus-auf-island (Stand: 31.08.2017)
- https://www.ruhr-uni-bochum.de/skandinav/igletscher.htm (Stand: 30.08.2017)
- https://www.stjornarradid.is/media/umhverfisraduneyti-media/media/pdf_skrar/icelands_fourth_national_communication_and_report_on_demonstrable_progress.pdf (Stand: 29.08.2017)
- http://www.swisseduc.ch/glaciers/earth_icy_planet/glaciers05-de.html (Stand: 31.08.2017)
- http://www.vedur.is/media/vedurstofan/utgafa/hlidarefni/Tomas_COP-15.pdf (Stand: 04.08.2017)

Weitere nützliche Informationen habe ich durch die Erläuterungen von Prof. Dr. Jörg-Friedrich Venzke während der Island-Exkursion erhalten.